真是令人大开眼界呀!

04 棕榈树

[法]安娜－贝内迪克特·施维贝尔 编　唐天红 译

中信出版集团 | 北京

图书在版编目（CIP）数据

真是令人大开眼界呀！．04，棕榈树／（法）安娜－贝内迪克特·施维贝尔编；唐天红译．-- 北京：中信出版社，2023.11

ISBN 978-7-5217-5850-4

Ⅰ．①真… Ⅱ．①安… ②唐… Ⅲ．①科学知识－儿童读物②树木－儿童读物 Ⅳ．① Z228.1 ② S718.4-49

中国国家版本馆 CIP 数据核字（2023）第 120242 号

真是令人大开眼界呀！ 04 棕榈树

编　　者：[法] 安娜－贝内迪克特·施维贝尔
译　　者：唐天红
出版发行：中信出版集团股份有限公司
（北京市朝阳区东三环北路27号嘉铭中心　邮编　100020）
承 印 者：北京尚唐印刷包装有限公司

开　　本：889mm × 1194mm　1/16　　印　　张：3　　字　　数：74千字
版　　次：2023年11月第1版　　印　　次：2023年11月第1次印刷
京权图字：01-2023-1613
书　　号：ISBN 978-7-5217-5850-4
定　　价：398.00元（全20册）

出　　品：中信儿童书店
图书策划：小飞马童书
总 策 划：赵媛媛
策划编辑：张婷
责任编辑：许美琳
营　　销：中信童书营销中心
美术设计：谢佳静
内文排版：王莹

目 录

第一部分 故事篇 / 2

第二部分 游戏篇 / 18

第三部分 五花八门 / 34

我是乔治，我出现在书中的各处，准备和你一起阅读。

长故事

欢迎来到大加纳利岛

著者：茱莉亚 · 沃特尔

你知道吗？大加纳利岛从前叫作朱诺尼亚 · 马霍尔岛，它的意思是：朱诺的岛。朱诺是罗马神话里的天后，时刻之神萨图恩的女儿，众神之王朱庇特的妻子。她易怒、危险、善妒……人们说大加纳利岛的气候很温和，岛上居民的性情都十分易变。我不知道这种说法有多大的真实性。

岛上居民的祖先是古安切人，他们不仅不会游泳，而且对水极为恐惧。他们这么想也没错，因为海洋确实很危险。为了更了解海洋，乔治将为您介绍哪些地方是安全的，哪些地方是危险的。同时，我们将一同探索海洋的魅力。如果你有足够的耐心，还会看到鲸，还有海豚！

据说很久很久以前，在人类出现之前，岛上住着一群巨人。为了解闷，他们捏出了山，然后向山里喷火，将山变成了火山。

还有人说，这些巨人对自己的“作品”非常自豪，连睡觉都睡在火山前面，后来他们在火山前化成了石头。今天，我们还能依稀辨认出他们的面孔。有时，微风吹过，我们似乎能听见他们的低声絮语。请听我为你娓娓道来吧。

岛上每年都会举办一场盛大的狂欢节，节日会持续好久。甚至在节日结束以后，人们还沉浸在节日的氛围里……

于是，有些人就继续戴着面具生活。但这又何妨呢？这样的生活会更有趣！

岛上到处都有棕榈树，尤其是道路和房子周围。传说在大加纳利岛上，孩子们出生在棕榈树的叶子上。瞧，下面的这个小弟弟，人们就是在棕榈叶子里找到他的。欢迎来到大加纳利岛。

与露·凯尔洛兹修的访谈

文本与绘图：茱莉亚·沃特尔

乔治见到了露·凯尔洛兹修，她在《欢迎来到大加纳利岛》中扮演姐姐的角色。她在这个风景如画的岛屿上快速地拍摄了一组镜头，然后开始向乔治讲述她的计划。

在拍这部电影之前，您知道大加纳利岛吗？

露　完全不知道！我以前根本不知道这座岛在地图上什么地方！多亏了这个故事，我才知道了这个地球上的“小天堂”。但是，如果让我全年都生活在这座岛上，我会感到无聊的。这里有点与世隔绝！我是习惯生活在城市的女孩儿。但是话说回来，这里的自然景色真的太美了。

在这次拍摄中，除了易怒的女神、鲸和两个巨人，还有什么东西给您留下了深刻的印象？

露　哦，您知道的，女神和那两个巨人，那不过是特技罢了——那些场景都是在摄影棚中拍摄的！在女神出现的第一幕中，实际上我是在升降机上面，布景被设置成了蓝色。我对着空气讲话，我觉得自己挺可笑的！巨人的那一幕也一样：那是特技专家后期加进去的……不过鲸的那一幕不是特技，我觉得那是我生活中最美好的经历之一！当然了，我不是独自一人和鲸一起游泳的，有十几个动物驯养员陪着我，还有整个拍摄团队跟在我身旁，但是那一刻还是很美好。鲸这种生物真是让人叹为观止，它体形庞大，又如此美丽……和鲸在一起，给人的感觉就好像是忽然与史前的世界联结在一起了！

您在岛上待了多长时间？

露　答案恐怕会让您失望：拍摄时间还不到两天，然后拍摄团队又玩了两天……我刚才也提过了，很多场景都是之后在巴黎郊区的摄影棚中完成的。然后特技团队又进行了后期合成。这肯定是个大工程。

那现在，您有什么计划呢？您打算去度假吗？

露　不，我不打算立刻去度假。这个夏天，我要拍摄一个完全不一样的故事。这部电影是根据一部优秀小说改编的，我将在电影中饰演女主角阿黛尔。阿黛尔的祖母去世了，她从祖母那里继承了一个衣柜，那可不是一个普通的衣柜……我不能跟您剧透太多了！故事的大部分场景都发生在一座房子里，这和大加纳利岛完全不同！电影中也有一些奇幻的片段和一些特技镜头。

另外，我在大加纳利岛学习了潜水（这是拍摄鲸那个场景的需要），我想继续学下去。其实，我有一个梦想，就是在一个温暖的地方过圣诞节。所以今年我打算劝说我的父母跟我一起去大加纳利岛。目前我还没有说服他们，但是我不会放弃的，我是一个固执的人。

“女神和两个巨人，那不过是电影中的特效罢了——那些场景都是在摄影棚中拍摄的！”

邦比和高里

超级大树

文本与绘图：玛丽 · 诺维昂

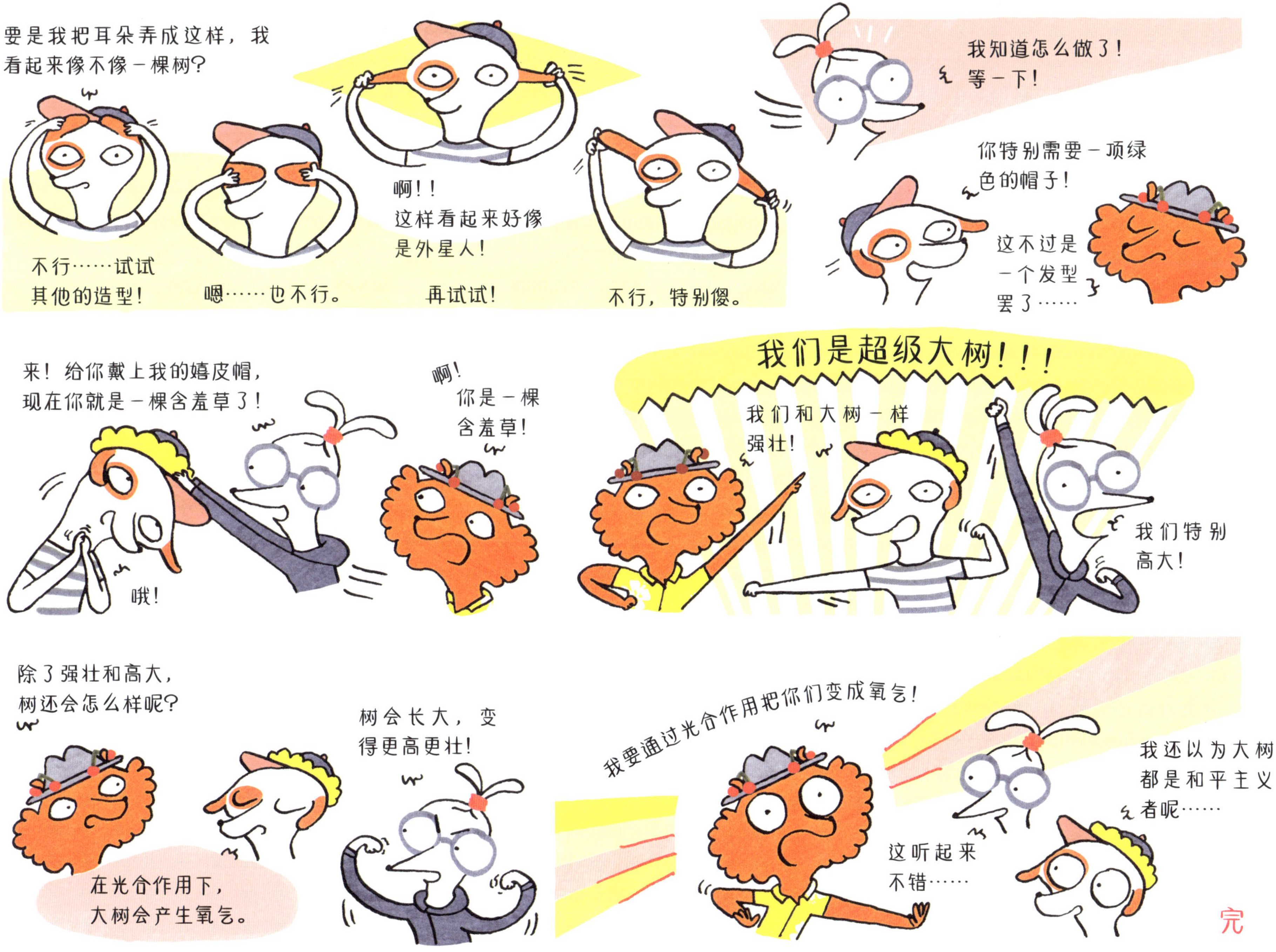

要是我把耳朵弄成这样，我
看起来像不像一棵树？
不行……试试
其他的造型！
嗯……也不行。
啊！！
这样看起来好像
是外星人！
再试试！
不行，特别傻。
我知道怎么做了！
等一下！
你特别需要一顶绿
色的帽子！
这不过是
一个发型
罢了……
来！给你戴上我的嬉皮帽，
现在你就是一棵含羞草了！
哦！
啊！
你是一棵
含羞草！
我们是超级大树！！！
我们和大树一样
强壮！
我们特别
高大！
除了强壮和高大，
树还会怎么样呢？
在光合作用下，
大树会产生氧气。
树会长大，变
得更高更壮！
我要通过光合作用把你们变成氧气！
这听起来
不错……
我还以为大树
都是和平主义
者呢……
完

勇敢的女探险家珍妮·巴雷

文本：樊尚·雅多　　绘图：塞维里·米耶

在18世纪的法国，女人不被允许与皇家海军一同去探险，但是珍妮·巴雷不仅成功登上了船，还进行了一场环游世界的探险，而且她还带回了很多新奇的植物。

几个世纪以来，水手们最为恐惧的事情就是在他们的船上看到兔子、黑猫，还有女人。因为他们觉得兔子可能会将绳索咬断、黑猫和女人会带来厄运！如果她们（它们）在船上被发现，十有八九会被扔到海里喂鲨鱼！

然而，1767年2月6日，一名女性却登上了法国皇家海军的星辰号轮船，而乘坐这艘船的正是法国著名的布干维尔航海探险队，他们打算到南半球的海域去探险。

首位成功环游世界的女性

这个人便是珍妮·巴雷。她是什么人？她有着怎样的秘密？她是农民的女儿，在22岁的时候成了费里贝尔·高梅尔森医生的管家。后来高梅尔森医生成了当时还是王储的国王路易十六的医生，并奉命陪同布干维尔公爵出行。彼时，高梅尔森已陷入了对珍妮的爱恋，不愿离开她。因此他决定带她一起进行这次探险之旅。然而，皇家海军的规定非常明确：不许女子上船，否则就要接受严厉的惩罚。于是珍妮用绷带束胸，穿上男子的服装，扮作高梅尔森医生的仆人一同登上了船。

上了船之后，事情有些复杂，珍妮不能被人发现是女人。她很警觉，卖力地工作，像一个男人那样讲话。但是当船行驶到塔希提岛的时候，事情变得糟糕起来。那里的土著人开始在岛上追赶珍妮，嘴里还喊着“阿雅”，法国的水手当时并不知道这个词是什么意思。后来他们才知道原来“阿雅”的意思就是“女人”，那时才发现高梅尔森医生和珍妮二人的秘密。

约5000种植物与国王的认可

这对情侣被看穿之后，又经历了14个月的海上旅行，最后来到毛里求斯岛。他们在那里被迫下船，博福尔先生接待了他们。对于爱好植物的人来说，这里简直就是天堂。但是高梅尔森医生的身体每况愈下，很快就撒手人寰，只剩下珍妮孤身一人。她开了一段时间旅馆，同时继续收集各种类型的植物。

后来珍妮嫁给了一个军人，因此获得了回到法国的权利，她于1776年回到自己的祖国，同时还带回了30多个箱子，箱子里面装着约5000种植物，其中有3000多种是当时还没有被发现的品种。后来这些植物被收入自然历史博物馆。路易十六亲自授予珍妮“非凡的女性”称号。珍妮在勃艮第度过了余生，远离了大海和奇异的植物。

2014年，一位植物学家将他在秘鲁发现的一种植物命名为“巴雷龙葵”，以此向珍妮·巴雷所做出的贡献和她表现出的勇气表达敬意。

■ **游戏1** ■

别待在那里一动不动

绘图：安娜 · 拉瓦尔

乔治有个朋友叫蕾伊娜，她非常喜欢植物，她告诉了乔治一些关于棕榈树的信息。

A. 蕾伊娜提供的信息当中，少了一些数据，要想知道这些数据信息是什么，那就请你将下面与图标相对应的运算结果补充进去。

棕榈树出现在地球上已经约有 万年了。约有 种棕榈树，它们的高度在 米与 米之间。棕榈树可以活 年之久。

运算：

$20 \times 4 + 20 =$

$9 \times 3 - 25 =$

$6 \times 7 - 12 =$

$30 \times 50 + 7000 =$

$3000 - 300 + 40 + 60 =$

B. 蕾伊娜还告诉乔治说，棕榈树生长的环境差异很大。她说出了5种环境，你来认识一下吧！

1 - 非洲草原

2 - 印度的红树群落

3 - 撒哈拉沙漠

4 - 安第斯山脉

5 - 亚马孙丛林

C. 你认为右侧图片中的蕾伊娜身处哪种环境中？

棕榈树的叶子形状各异。

D. 下图是蕾伊娜向乔治描述的两种棕榈树的叶子，选出与图片相符的名称以及相对应的描述。

a. 掌状棕榈叶

b. 羽状棕榈叶

c. 形状像大片羽毛、梳子。

d. 形状像人手、鸭掌。

■ 游戏2 ■

欢迎来到半神村庄!

绘图：莫阿塔 · 杜比爱夫

乔治发现了上面这则广告。

广告的背面写着：“欢迎来到伴神村庄，村庄每天都会题供岛上的特色菜品。
不要错过美周五晚上的椰果晚会！”

A. 在上面的广告语中找出三个错别字：________________

____

____

乔治提示：游戏的下半部分出现在第25页。

游戏3

叮！手工时间到了！

设计者：让-大卫 · 曼斯鲁

小朋友们，

一起来动手玩一玩吧！

下面有一棵棕榈树，动手剪裁吧！

所需材料：

一把剪子、一管胶水。

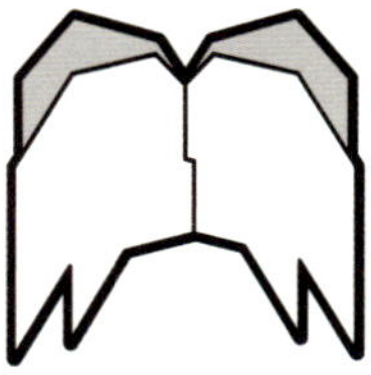

A. 将棕榈树棕色的部分剪下来。沿着虚线折叠，将A部分向内折。

B. 用剪子沿着棕色部分的4条黑色实线剪开。

C. 将A部分涂上胶水，然后将其与棕色部分的另一侧粘在一起。

D. 将棕榈树绿色的两个部分（两片树叶）剪下来。

E. 沿虚线将叶子对折，然后将其粘在一起。

F. 用剪刀将绿叶中间的黑色实线剪开。

G. 在第二片叶子上，重复E与F这两个步骤（注意黑色实线的位置不同）。

H. 将这两个部分组装在一起，如左侧图片所示。

I. 现在将叶子插入棕榈树的棕色部分，如下一页右上角图片所示。

J. 现在你只需要观察考拉就可以了，它应该是在散步，一般情况下，它更喜欢趴在桉树上，吃桉树的树叶。

A

小朋友们，

继续游戏吧！

（游戏2 欢迎来到半神村庄！）

下面是一些小雕像，是半神村庄饭店里的装饰品。

B. 在下图中找到两对完全相同的雕像。

■ **游戏4** ■

我们到海滨大道去散步

绘图：玛丽 · 米尼奥

a.

b.

c.

d.

乔治发现了这组照片，故事发生的地点是英国人漫步大道。这条长长的海滨大道位于法国尼斯市的海边，街道两旁种满了棕榈树，多达800棵。

A. 很明显，左右两页图片的顺序被打乱了，请按照故事情节来给它们重新排序吧！

B. 尼斯市位于法国的东南部，那么这座城市与哪个国家距离很近呢？

☐ 西班牙 ☐ 中国 ☐ 意大利 ☐ 德国

e.

f.

g.

h.

乔治认识一些英语单词，这些英语单词也会用在法语中……

C. 根据下面的提示，找到这5个单词（下画线的数目就是单词中字母的数目）。

1. 在一块布置好的场地上搭帐篷：_ _ _ P _ _ _
2. 野餐时我们喜欢吃的一种零食：C _ _ _ S
3. 在打扑克的时候，最厉害的那张牌是：J _ K _ _
4. 这是一种期刊，会定期出版，比如《儿童文学》《十万个为什么》等：_ _ G _ _ _ _ _
5. 有一种游戏，在玩的时候要当心，不能弄丢其中的任何一块：P _ _ _ L _

■ 游戏5 ■

成语说得好

绘图：塞尔吉奥·梅姆布里拉

有一天，乔治去看望塔拉拉先生，塔拉拉先生总是穿着夏威夷衬衫，他还总喜欢说成语。

A. 将塔拉拉先生对乔治说的成语填在下面文章的空白处。

求全责备/反复无常/寡淡无味/归咎于人/截然不同/心血来潮/无与伦比/了如指掌

“你好，乔治，快进来！哎呀，你的帽子真好看，戴在你头上，简直__________！你想来点咖啡吗？这咖啡一点都不浓，形容起来就是__________。对了，要是哪天你想去夏威夷了，有想要了解的信息可以来问我。我对这个地方__________。但我和我妻子一起出去旅游的话，则__________：我们总是不知道该到哪里去度假，得承认我总是改主意，有些__________。我妻子对我这一点十分不满，说起来，她对我总是__________，其实__________很容易，但是她忘了，有时候，她也会__________，临时改变主意！”

几天之后，乔治见到了塔拉拉夫人，她对乔治说：“我们最后终于选好了度假的地点。”

B.你知道圣让-皮耶德波尔这个地方吗？

C.参考下页图，观察下面的7张图片，说一说：

1. 哪张图片是反的？

2. 哪张图片不是下一页大图的一部分？

a b c d e f g

乔治刚刚又遇见了塔塔拉夫妇，他们又开始纠结去哪里度假的问题了，因为他们又有了两个备选的去处！这两个地方分别是阿尔纳克拉波斯特和德布克港。

D. 你知道这两个地方吗？

■ 游戏6 ■

老树枝

绘图：塞巴斯蒂安·图阿什

椰枣树和椰子树都属于棕榈树。乔治有两个朋友，一个种椰枣，一个种椰子。这二人很想让对方尝一尝自己种出来的果实。

A. 请你帮助左边的这个人走到右边人的身旁。

B. 一些棕榈树可以为我们提供食物，除此之外，它们还有别的用途，能够做出许多东西。在下列物品中，哪一项不能由棕榈制成？

1. 茅屋 2. 家具 3. 绳索 4.衣服 5. 灯泡 6.船

C.读下面的句子，想一想哪些句子描述的是图中的情况（而不是我们通过看图，想象出来的情况），将这些句子选出来。

☐ 一只蝎子在左边人的身后，要将枣掷出去。

☐ 长着眼睛的树。

☐ 骑在动物背上的老鼠。

☐ 一只很喜欢水果的鸟儿。

☐ 一条戴着眼镜的蛇。

☐ 一个男孩刚刚买了一把梯子。

☐ 一个放在托盘上的椰子。

☐ 一只迟到的老鼠。

周日，乔治城，不要错过
夏日大乐透！
25
64
39
08
56
48
14
77
2
73
13
一等奖：毛里求斯岛旅行！
二等奖：棉花糖机
三等奖：小号课程
还有很多其他奖品！
地点：运气大街7号 时间：14点钟开始

■ 游戏7 ■

夏日大乐透

绘图：贾科莫·巴格纳拉

西蒙娜与乔治打算这周末去乔治城玩乐透游戏。一等奖是一场梦幻之旅！

A. 西蒙娜找到了一张毛里求斯岛的图片，看起来似乎和上一页游戏海报里的那张贴画一样。可是两张图真的一模一样吗？如果你仔细观察的话，就会发现有15处不同。

50、25、32、16、48、11、5、14、19、20、44、67、75、33。

B. 在下面的方框中，将用汉字表示的以上数字以及方框右边的5个词找出来。

二	十	五	五	十	缤	十	六	毛
四	三	棕	色	哈	果	六	十	里
十	十	榈	五	哈	七	果	七	求
八	二	树	二	四	十	十	四	斯
三	十	三	十	十	五	二	乐	毛
十	一	十	四	四	哈	十	透	哈
旅	游	九	七	十	五	岛	屿	求

- 缤果
- 哈哈
- 旅游
- 棕榈树
- 毛里求斯

■ 职业万花筒 ■

我想做一名守林员

文本：樊尚·雅多　　绘图：斯特凡妮·拉纳

乔治在枫丹白露的一个大丛林中见到了本尼迪克特。她十分了解这个森林，因为这里是她工作的地方。她的职业是：首席守林员。

乔治：**你小时候的理想职业是什么？**

本尼迪克特：我小的时候想当考古学家。我那时候觉得从事这个职业可以让我去大自然中探寻、搜集……但是我想错了，其实考古是去废墟与古迹中搜寻。

乔治：**你是如何爱上大自然的呢？**

本尼迪克特：我是在多罗姆的山间乡下出生、长大的。我的父母喜欢到大自然中散步、旅行，我小时候喜欢跟着他们，于是我很快就对森林着迷了。

乔治：**那么当你渐渐长大之后呢？**

本尼迪克特：我最开始对植物学、生物学感兴趣。但是我一直梦想从事的工作是动物记者。我想去大草原、热带雨林拍摄野生动物……

乔治：**那么森林呢？**

本尼迪克特：我一直对森林很感兴趣。我经常出去旅游，去发现新的森林。有些森林仿佛拥有魔法，尤其是热带雨林，我对它简直一见钟情。

乔治：**你的学业方面呢？**

本尼迪克特：我先上了预科班，然后我又回到了国家森林局专门学校，学习了我的专业。

乔治：**你每天都是怎样度过的呢？**

本尼迪克特：我和一队技师、伐木工、修枝人员一同看管整片森林，我们想保护森林，让动物和稀有物种能有生存空间。我们还要管理树木砍伐，并对其分类，比如有可以用来取暖的树木，有可以用来建房子的树木，有可以用来建造家具的树木……我还想让森林成为人们散步的安全去处，从而与他人分享我童年时候感受到的乐趣。

乔治：**你为什么喜欢这份工作呢？**

本尼迪克特：我的工作性质使我大部分时间都可以在森林中度过，和我在一起的人都是和我和志趣相投的人，我们的团队在美妙的环境中一起工作。

乔治：**要是有孩子也想来森林工作，你会给他们什么建议呢？**

本尼迪克特：如果他们对此感兴趣的话，那么希望他们能够在森林里找到一份与他们的专业相匹配的工作。

乔治：**你在闲暇或周末的时候做什么？**

本尼迪克特：为了换换心情（她发出了笑声），我会在森林里和山间散步、做运动。

乔治：**还有呢？**

本尼迪克特：我还喜欢音乐，我会拉小提琴。我更年轻些的时候，曾经在音乐学院待过。

乔治：**你玩的乐器也是木制的！**

本尼迪克特：是的，但是我觉得这只是一个巧合而已。

塔希提语还是大溪地语？

绘图：斯特凡妮 · 拉纳

有时候，乔治会梦想着去法属波利尼西亚欣赏那里美丽的风景，它吸引了很多探险家、画家还有游记作家！法属波利尼西亚由多个群岛构成，它位于南太平洋上，在澳大利亚与美洲之间。塔希提岛是法属波利尼西亚最大岛屿。除了法语，岛上的居民还会讲当地的语言——塔希提语。塔希提岛又称为大溪地，我们所说的大溪地语也就是指塔希提语。

知识点！

- 塔希提语中有13个字母。

字母	发音	词	字母	发音	词
A	[a]	a	O	[o]	o
E	[é]	e	P	[p]	pi
F	[f]	fa	R	[r]（发颤音）	ro
H	[hé]（发送气虚音）	he	T	[t]	ti
I	[i]	i	U	[ou]	u
M	[m]	mo	V	[v]	vi
N	[n]	nou	‘	-	eta

- 辅音eta（ ‘ ）在大溪地语里使用得非常广泛。虽然它并不是一个字母，而是以符号的形式呈现的，但是它与其他的字母一样重要。即使是在口语中，我们也同样能将它识别出来，因为它会加重在它后面出现的音节的读音。

明白了吗？

乔治抄写了一份塔希提语词汇表，你也来简单看一看吧！

- **nana**：再见
- **māuruuru**：谢谢
- **pūpū**：贝壳
- **tumu ha’ari**：椰子树
- **mahana**：太阳
- **tātahi**：海滩
- **miti**：大海
- **manu**：鸟
- **tiare**：花朵
- **painapo**：菠萝
- **mei’a**：香蕉
- **pape**：水
- **one**：沙子
- **vānira**：香草
- **honu**：乌龟
- **vāhine**：女人
- **tāne**：男人
- **tamari’i**：孩子
- **māmā**：女士
- **pāpā**：先生

祝大家玩得开心！

奇幻的植物课

绘图：斯特凡妮 · 拉纳

由于很难将一棵棕榈树放进杯子内，所以乔治最后选择了花朵来做关于颜色的实验。

所需材料：

白色的花朵（康乃馨、雏菊、玫瑰……）、胶带、墨水或食物染色剂、小玻璃杯或酸奶罐。

实验方法/1号实验：

1. 在一个小玻璃杯或是酸奶罐中倒入水。再加入墨水，充分搅拌，使墨水溶于水。
2. 如果花茎过长，就将其剪掉一部分（最长不超过15厘米），然后将花放入玻璃杯中。现在请耐心等待！将花朵置于阳光下，使其充分享受日照。几个小时之后观察一下，你看到了什么呢？第二天再看一下，是否有什么变化？

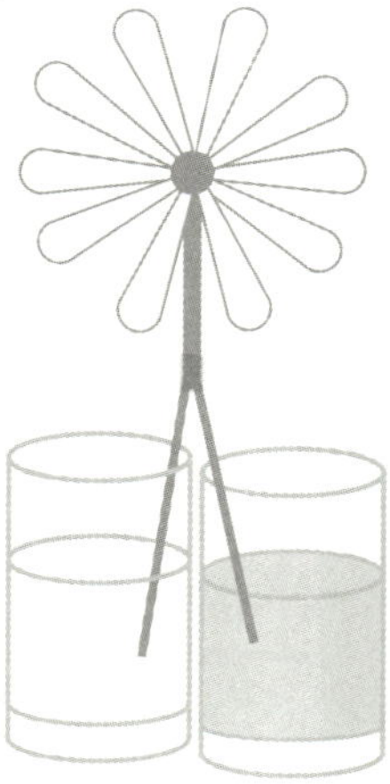

实验方法/2号实验：

1. 请一个成年人帮忙将花茎顺着底端剪开，剪成两半，大概剪到花茎高度一半的位置。
2. 将花茎的两部分分别放入两个水杯中，用胶带粘住花茎分枝的部位（这可以使其更加牢固）。
3. 在两个水杯中倒入水，然后在其中一个杯子中加入墨水，使杯子里的水颜色变深。
4. 几个小时之后，你发现了什么？

实验结果：

在两个实验中，花瓣或者花瓣的一部分，会渐渐染上墨水的颜色。

如下页图所示，植物的根会从土地中吸收水。然后吸收的水分会被传输到茎上。最后，水分会被传输到叶子上，一部分的水分会从叶子蒸发掉。于是植物的根会再次从土地中吸收水分，循环往复。

在2号实验中，由于植物的茎被分成了两部分，因此可以从两个杯子中同时吸收水分。这样花朵吸收的水分有一半是来自染了颜色的水，一半则来自没有染色的水，因此花朵的一半会改变颜色。现在如果你在另一个杯子里加入不同颜色的墨水，那么花朵的一部分就会变成和墨水同样的颜色。

水从叶子蒸发。
水分传输到茎。
花朵的根从土壤里吸收水分。

丛林王乔治

绘图：斯特凡妮·拉纳

现在小小乔治要给你介绍另外一个乔治（美国版的乔治）。《丛林王乔治》最开始是一本漫画书，后来被拍成了动画片。动画片里笨拙的乔治是漫画版的泰山。下面是导演森·威斯曼于1997年拍摄的电影《丛林王乔治》中的一个片段。

故事情节：

乔治成长在非洲丛林，他是由一头聪明的大猩猩抚养长大的。一天，他在一只老虎的爪牙下救下了一个美国女探险家——乌苏拉·斯坦奥普。

人物：

- 乌苏拉
- 大猩猩
- 乔治

服装：

- 乌苏拉穿着白色的衬衫、米色的裤子
- 大猩猩穿着围裙、戴着眼镜
- 乔治穿着遮布

开演了！

乔治救下乌苏拉的时候，乌苏拉晕了过去。她醒过来的时候已经在乔治和大猩猩的家里了。他们住在大树上的一座房子里。

对话：

旁白：

我们的女主人公乌苏拉·斯坦奥普有着一头美丽的卷发，这一晚她做了很多很多梦。现在她终于在鸟儿美妙的歌声中醒过来了。回过神之后，她开始寻找那个将她救下来的好心人：丛林王乔治。但是最先映入她眼帘的却不是乔治……

乌苏拉从床上起身，最先看到的是拿着食物托盘的大猩猩。它向乌苏拉走过来，吓得她向房屋最里面跑去。

乌苏拉：

走开！走开！走开！（大猩猩将托盘放到床上。我们听见背景音中传来大猩猩的吼叫声：呼呼呼呼呼呼！它拿着一串香蕉走进了房间。）

乔治：

你好！（他的脚绊到了毯子，摔倒在地，手恰好抓住了香蕉。）

大猩猩：

噢呼……（乔治站起身，将香蕉扔了出去。）

乔治：

你好些了吗？（对乌苏拉说。）

乌苏拉：

不敢相信自己的眼睛。

等等……我刚刚做了一个荒唐的梦，我现在肯定还在梦中呢。（她来到大猩猩面前，向它打招呼：你好！）

大猩猩：

你好，我看你……（乌苏拉开始叫喊起来，同时躲在乔治身后。）

乔治：

没有什么好害怕的！大猩猩兄弟准备了早餐！（乔治说起话来有些断断续续的。）

乌苏拉：

这是什么？这是什么情况啊？（指着手里拿着一本书的大猩猩。）

大猩猩：

我在看医书，这应该不妨碍您吧。（乌苏拉开始神经质一般地笑了起来。）你难道想死于黄热病？

乌苏拉：

哦，那本书，那可是最好的书了！（一直笑个不停。大猩猩坐了下来，继续翻看他的书。）我听过猩猩讲话！（大猩猩摘下眼镜，看着乌苏拉。）还有什么比这更符合常理的呢，是不是？既然猩猩能讲话，为什么不能读书呢？为什么我就不能住在树屋里？让一只猩猩为我服务，并且还有一个泰山，穿着……嗯……嗯……你们管这个东西叫什么来着？（乌苏拉指着乔治的遮羞布。）

乔治：

这是遮羞用的。

乌苏拉：确实……嗯……（她开始觉得有些尴尬。）

大猩猩：

我的天啊……

乌苏拉：

是啊……（说着话又晕了过去。）

甜甜的棕榈叶形油酥饼

绘图：斯特凡妮 · 拉纳

在本书的结尾，乔治向你推荐一款棕榈叶形油酥饼，给你当下午茶。

做15个棕榈叶形油酥饼的原料：

- 纯黄油千层面，质量要好（特别注意：不要使用冷冻过的面！）
- 100克糖
- 保鲜膜和硅油纸

准备：

1 将面饼铺开，让它尽量呈方形。

2 沿着较长的一侧，将面饼对折再打开，中间形成了一道折痕。

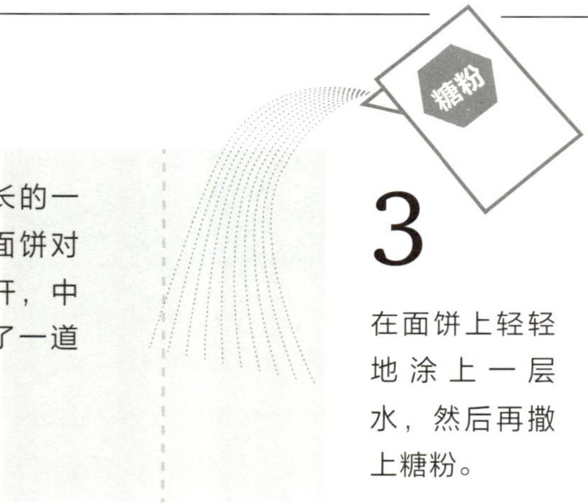

3 在面饼上轻轻地涂上一层水，然后再撒上糖粉。

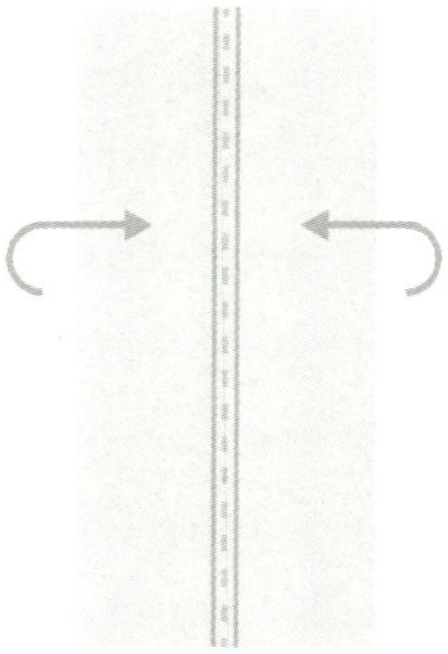

4 如图所示：将折痕两边的面饼再次分别折叠，在中间折痕处留出大概1厘米的空隙（之前要仔细将包装纸拆除！）

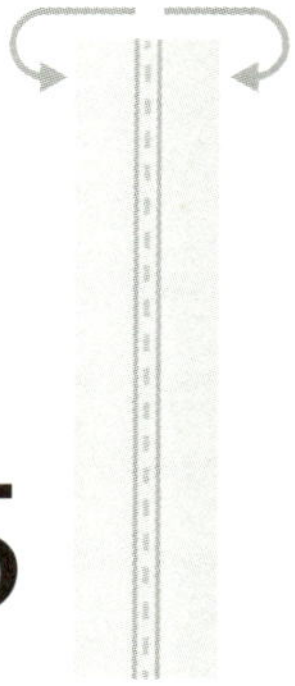

5 在这个长方形的面饼上再次重复做一次步骤3与4。

6 

将面饼的两侧继续折叠，使其成面卷（图示显示的是面卷的顶部）。

7 

用保鲜膜将这个面卷包好，放进冰箱冷冻20分钟。同时将烤箱预热至200摄氏度。

8 将面卷上的保鲜膜拆掉，然后将面卷平放在菜板上。切面卷，每段约1厘米宽。

9 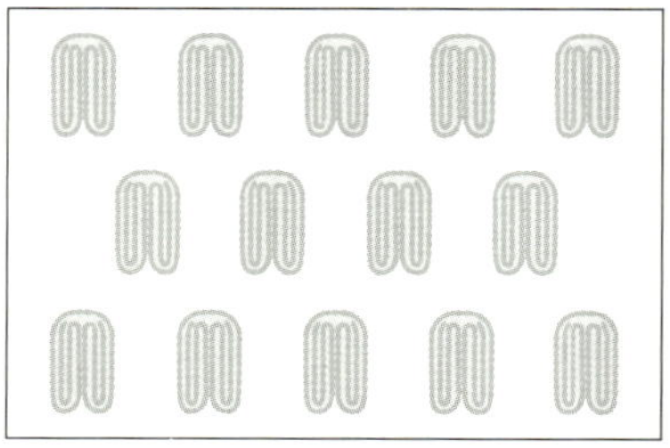

将硅油纸放在烤箱的烤盘上，然后将棕榈叶形油酥饼放在上面。在油酥饼之间留出足够大的空隙，因为在加热过程中，它会膨胀。

10 在油酥饼上面撒上糖粉，放入烤箱，烘烤15分钟。

11 在大人的帮助下，将烤盘取出来，将上面的油酥饼翻面，然后再次放入烤箱，烤10分钟左右。

12 取出油酥饼，等油酥饼凉了之后，就可以品尝了！

这个烹调方法调整起来也很容易。比如你可以用融化的巧克力来代替糖粉，还可以用奶酪粉来代替糖粉！

不要弄混！

棕榈树

带有异域风情的树。

棕榈叶形油酥饼

一种千层饼饼干。

棕榈树发型

一些狗狗的主人给狗狗梳的发型。

游戏答案

这就是封面和封底的

7个不同之处:

游戏1 别待在那里一动不动

A. 棕榈树出现在地球上已经约有8500万年了，约有2800种棕榈树，它们高度在2米到30米之间。棕榈树可以活100年之久。 **C.** 在亚马孙丛林中拍摄的。

D. 1–a–d 2–b–c

游戏2 欢迎来到半神村庄!

A. 伴—半；题—提；美—每 **B.** i和s；n和x

游戏4 我们到海滨大道去散步

A. e–c–a–f–g–b–h–d **B.** 意大利 **C.** 1. CAMPING 2. CHIPS 3. JOKER 4. MAGAZINE 5. PUZZLE

游戏5 成语说得好

A. 无与伦比 寡淡无味 了如指掌 截然不同 反复无常 求全责备 归咎于人 心血来潮

B. 法国市镇，位于比利牛斯–大西洋省，距离西班牙仅有数里，小镇上有很多巴斯克式的房屋。

C. 1. f 2. b

D. 阿尔纳克拉波斯特：法国市镇，位于上维埃纳省。德布克港：法国市镇，位于罗纳河口省。

游戏6 老树枝

A. 见下图 B. 灯泡

C. 图中的情况：长着眼睛的树；骑在动物背上的老鼠；一条戴着眼镜的蛇； 一个放在托盘上的椰子。

游戏7 夏日大乐透

A.

B. 见右图。

二	十	五	五	十	缤	十	六	毛
四	三	棕	色	哈	果	六	十	里
十	十	榈	五	哈	七	果	七	求
八	二	树	二	四	十	十	四	斯
三	十	三	十	十	五	二	乐	毛
十	一	十	四	四	哈	十	透	哈
旅	游	九	七	十	五	岛	屿	求